Handwerker vor fünf Jahrzehnten

Erika Groth-Schmachtenberger

Handwerker vor fünf Jahrzehnten

Ein fotografisches Bilderbuch

echter

Bild Seite 2:
Im Heimatmuseum von Oberstdorf ist eine alte Schusterwerkstatt erhalten geblieben. Sie zeigt den Schuster mit den Schusterkugeln, die durch die Lichtreflektierung den Raum besser erhellen – 1935.

CIP-Kurztitelaufnahme der Deutschen Bibliothek

Groth-Schmachtenberger, Erika:
Handwerker vor fünf Jahrzehnten : e. fotogr. Bilderbuch / Erika Groth-Schmachtenberger. – Würzburg : Echter, 1987.
ISBN 3-429-01099-3

Grafische Gestaltung: Heinz Otremba
Gesamtherstellung: Echter Würzburg
Fränkische Gesellschaftsdruckerei und Verlag GmbH
Printed in Germany
ISBN 3-429 01099-3

Vorwort des Verlags

Das Handwerk hat auch in der Industriegesellschaft seine Tradition und seine Stellung bewahrt. Natürlich sind heute einige Handwerksberufe nicht mehr gefragt oder sogar ausgestorben. Dafür haben andere, z. B. das Kunsthandwerk, an Bedeutung gewonnen. Die Erhaltung, Wiederherstellung und Restaurierung alten Kulturgutes erfordert besonderes Können und alte Techniken.
Die Anfänge des deutschen Handwerks gehen weit bis in das Mittelalter zurück. Einige Forscher nehmen sogar an, daß sich römische Handwerksorganisationen in ihren Grundformen bis zum Mittelalter erhalten haben, aus denen sich allmählich das Zunftwesen entwickelte. Innungen und Zünfte entstanden, und wer als Meister oder Geselle in eine Zunft aufgenommen war, der mußte die Bräuche streng geheimhalten, und wer dies nicht tat, wurde aus der Innung ausgestoßen. Nicht alle Handwerksberufe hatten eine Zunft, und die sogenannte „ehrliche" Geburt war für den Lehrling die Voraussetzung für die Aufnahme in die Zunft. Die Söhne der Leineweber, Müller, Bader und niederer Stadtbeamten (z. B. Feldhüter, Gerichtsdiener, Totengräber, Schäfer oder Nachtwächter) konnten kein zur Gilde erhobenes Handwerk erlernen. Diese Gepflogenheiten änderten sich erst viel später. Zu den handwerklichen Traditionen zählte auch der Wandergeselle.
Dieses Buch will keine volkskundliche Gesamtdarstellung des Handwerks geben und erhebt auch keinen Anspruch darauf, die verschiedenen Handwerke lückenlos zu zeigen. Der Band möchte vielmehr anhand einiger Beispiele darstellen, wie sehr sich verschiedene Berufe geändert haben und daß es einige der früheren Handwerker heute gar nicht mehr gibt. Die vorhandenen Fotos bestimmten die Auswahl.

Erika Groth-Schmachtenberger, die Autorin dieses Buches, ist seit sechs Jahrzehnten als Fotografin und Bildberichterin tätig. Die hier gezeigten Fotos stammen aus ihrem Archiv, das über 300 000 Negative umfaßt. Die jahrzehntealten Bilder zeigen nicht nur fotografisches Können, sondern sind Dokumente ihrer Zeit. Die Bilder führen uns zurück in alte Traditionen und Techniken, sie zeigen Handwerker und Gewerbetreibende bei ihrer Arbeit, die vielfach mit heutigen Möglichkeiten nicht mehr vergleichbar wäre. Erika Groth-Schmachtenbergers Kamera hat Berufe eingefangen, die der modernen Industriegesellschaft weichen mußten, und Tätigkeiten beobachtet, die inzwischen durch rationellere Verfahren ersetzt worden sind.
Die beigegebenen, sehr knappen Texte wollen den Betrachter der historischen Bilder nicht zu sehr ablenken, damit der Band das bleibt, was er sein möchte: ein fotografisches Bilderbuch.

H. O.

Fotografiert wird heute mehr denn je. Diese Fotografin des Jahres 1933 übte ihren Beruf noch ziemlich umständlich, aber sehr gewissenhaft aus, und sie hatte sich im Münchner Salvatorkeller sogar eine schöne Kulisse aufgehängt. In ihrer eigenen Ecke gab es Hintergründe zur Auswahl. Mama knipste und der Sohn führte Regie.

Links:
Der Beruf des Kunstschlossers war besonders in Vorarlberg weit verbreitet. Kunstschlosser Mäser aus Dornbirn, der sich 1935 in Paris die silberne Medaille holte und etwa 1948 starb, war ein bekannter Künstler. Das Foto entstand 1936.

Rechts:
Kunstschlosser Franz Mäser aus Dornbirn war gleichzeitig Kunstschmied. Das Bild zeigt ihn 1936 zusammen mit einem Lehrling bei der Herstellung eines Grabkreuzes.

9

Dies war eine alte Allgäuer Nagelschmiede, wie sie bei manchen Bauernhäusern in der Gegend von Hindelang als „Beihaus" zu finden war. Das Foto entstand 1934. Das kleine Häuschen ist heute nicht mehr da.

Dieser Allgäuer Nagelschmied stellte jeweils mit 16 Schlägen einen Nagel für Bergschuhe her (1934).

Links:
Dieser Nagelschmied arbeitete 1934 in Bad Oberdorf/Allgäu. Seine Werkstätte war für damals fast „modern" ausgestattet als Nagelschmiede.

Der Hufschmied spielte in früherer Zeit auf den Dörfern und auch in den Städten eine wichtige Rolle, denn alle Zugtiere mußten mit Hufeisen beschlagen werden. Es gab noch keine Traktoren. Heute ist dieser Beruf selten geworden. Das Bild entstand 1939 und zeigt einen Hufschmied in Rattenberg.

Oben:
1937 arbeitete in Bad Oberdorf bei Hindelang eine der letzten Allgäuer Hammerschmieden. Sie ist heute noch zu sehen. Hier wurden die riesigen Hämmer mit Wasserkraft betrieben.

Rechts:
In den Hammerschmieden wurden die einfachen Werkzeuge für den Bauern und Gärtner hergestellt, z. B. Schaufeln, Hacken usw. Dieses Foto entstand 1938 und zeigt die Esse in einer Hammerschmiede in der Steiermark.

Oben:
Das Uhrmacherhandwerk war im Schwarzwald daheim. Viel Sorgfalt und Liebe waren erforderlich, die komplizierten Uhren mit Achttagelaufwerk und Viertelstunden-Repetition herauszustellen. Hier wird gerade ein Schlagwerk „gestimmt". Foto von 1935.

Rechts:
Noch bis vor einigen Jahren war der Beruf des Schriftsetzers mit Bleibuchstaben verbunden. In den Winkelhaken wurden die einzelnen Buchstaben gesetzt und ausgeschlossen, die Zeilen dann auf einem Satzschiff mit Durchschuß, Regletten und Linien ergänzt, alles aus Blei, die Linien aus Messing. Heute hat der Licht- und Fotosatz das Blei abgelöst. Unser Bild entstand 1946 in der Druckerei der Benediktinerabtei Münsterschwarzach am Main.

Aus der handwerklichen Buchbinderei ist ein Kunsthandwerk geworden. Heute werden die meisten Bücher im Zuge industrieller Fertigung vollkommen maschinell gebunden. Zur Entstehungszeit unseres Fotos, das einen Buchbinderlehrling aus Augsburg im Jahre 1936 zeigt, mußte das Zusammentragen der Druckbogen, das Heften, Schneiden und Einhängen ebenso von Hand gemacht werden wie die Buchdecke.

Der handwerkliche Buchbinder verstand es, mit Blattgold einen ganz dünnen Goldschnitt aufzutragen. Heute werden kaum noch Bücher mit Goldschnitt hergestellt. Auf dem Bild Augsburger Buchbinder 1934.

Die Glasbläser brauchen viel „Lungenkraft", wie die Fachleute sagen, um die zähflüssige Glasmasse zum „Kölbel" aufzublasen, aus dem dann mit Schere und Zange die verschiedenen Gläser geformt werden. Besonders hochwertige Gläser werden heute noch in der gleichen alten Technik, die unser Bild aus dem Jahre 1933 im Bayerischen Wald zeigt, hergestellt.

Im Sommer arbeiteten die Glasbläser von vier Uhr früh bis elf Uhr mittags, um nicht außer der Hitze der Öfen noch die Sonnenhitze ertragen zu müssen. – Hektisches Treiben herrscht hier in der Glasbläserei Regenhütte: Zischen und Brodeln überall, konzentrierte Arbeit auf engem Raum. Die Glasmasse erkaltet schnell, da bleibt wenig Zeit für die vielerlei notwendigen Handgriffe. Das Glasmachen ist eine schwere und sehr ungesunde Arbeit, so daß zumindest früher viele Glasbläser schon in jungen Jahren starben oder Invaliden wurden (Aufnahme von 1933).

Links:
Ein immer wiederkehrendes Bild in Lauscha in Thüringen waren diese Frauen. Sie umbanden die Kartons mit den nur leichten Christbaumkugeln mit einem riesigen Tuch und trugen die nicht zu große Last dann zum Bahnhof, von wo aus sie weitertransportiert wurde – 1939.

Rechts:
Im Thüringer Wald, besonders in Lauscha, wurden Christbaumkugeln hergestellt. Unser Bild zeigt 1939 einen Glasbläser, der solche Kugeln in Heimarbeit anfertigte. Während der Familienvater im Wohnzimmer an der Gasflasche saß, um die Glasröhrchen zu Kugeln zu blasen, waren die anderen Familienmitglieder damit beschäftigt, die Kugeln dann versandfertig zu machen.

FRANZ PILLNAY

„Riesenfrachten" (Schachteln mit Christbaumkugeln) wurden von den Lauschaer Bahnbeamten 1939 verladen. Von hier aus ging der Christbaumschmuck in alle Welt.

Geschickte Hände und künstlerisches Talent erforderte der Beruf des Glasmalers. Dieses Bild entstand 1938 bei einer bekannten Firma in Oberfranken.

Dies ist das Tafelservice „Rokoko", das auf einen Entwurf von Franz v. Bustelli von 1658 zurückgeht, und das in der Porzellan-Manufaktur in München-Nymphenburg heute noch nach alten Vorlagen von allerersten Fachkräften, kunstgerecht wie damals, von Hand bemalt wird.

Eine Porzellangießerin füllt die Form mit der flüssigen Porzellanmasse (Weiden, 1933).

Beim Goiserer Bergschuhmacher wurde die Sohle 1938 mit 14fädigem „Draht" mit der Hand aufgenäht.

Die Schuster hatten früher in ihren Werkstätten sogenannte „Schusterbrücken", auf denen ihre Tische, Hocker und Utensilien standen. Das Bild zeigt eine Schusterwerkstatt des Jahres 1938 in Goisern im Salzkammergut. Hier entstanden die „Goiserer Bergschuhe".

Viel Fingerspitzengefühl gehörte zum Modellieren an der Töpferscheibe. Foto von 1934.

Rechts:
Dieses Bild entstand in einer bekannten Landshuter Keramikwerkstätte 1934 und zeigt den Töpfer bei der Kontrolle des befeuerten Brennofens.

Im Töpferdorf Stob im Burgenland hatte 1934 fast jeder seine eigene Werkstatt und fabrizierte Tonwaren, die auch über die Grenze hinweg verkauft wurden.

In Hafenlohr am Main in Unterfranken gibt es auch heute noch eine bekannte Töpferfamilie, die ihr altes Fachwerkhaus mit selbstgebrannten Tellern und Figuren geschmückt hat. Dieses Foto entstand 1960. Auf einem Teller ist folgender Spruch eingebrannt:

„Ich bin des Töpfers jüngster Sohn, geformt aus meiner Väter Ton durch meiner Mutter Hände. Im Sommer grab ich Erde stolz. In Winterszeit hau ich das Holz zu unsres Ofens Brände.“

In ganz Tirol gab es 1938 nur noch einen Federkielsticker, der dieses alte Handwerk verstand. Er arbeitete in Schwaz. Das Bild zeigt das Kürzen der Pfau-Feder und das Entfernen der „Haare".

Dieses Bild zeigt die Federnzubereitung. Mittels eines starken Fadens wurde die Feder in verschiedene Stärken geschleißt – 1938.

Auch Frauen übten den Beruf des Federkielstickens aus, hier 1956 im Sarntal in Südtirol. Das Bild zeigt die Stickerin am Näh-Kloben, worin der Ledergürtel zum Bestikken eingespannt wurde.

Ein eigenwilliger Beruf war der des Pfaufederkielstickers. Sattlermeister Karl Stecher in Gmund am Tegernsee war und ist noch einer von ihnen. Hier stickte er 1956 gerade ein Trachtenschuh-Muster. Er übt seinen Beruf als bekannter Federkielsticker noch heute aus.

Bäuerin aus dem Virgental, Osttirol, beim Strohstricken 1944. Sie ging mit ihrem kranken Kind zum Doktor in die nächste Ortschaft. Auf dem langen Weg und während der Behandlung strickte sie weiter an ihrem Strohzopf, um keine Zeit zu vergeuden. Jede Minute zur Arbeit mußte genutzt werden und jeder noch so geringe Ertrag des Bodens, auch das Stroh. Hüte wurden daraus gemacht, und sie wurden unter der sengenden Sonne des Bergsommers notwendig gebraucht.

In Kals in Osttirol wurden in vielen Bauernhäusern Osttiroler Strohhüte geflochten und genäht. Das Stroh dazu kam von den eigenen Kornfeldern.

35

Oben:
Korbflechter und Korbmacher gab es einst in fast jedem Dorf. In der Gegend um Lichtenfels in Oberfranken sind die Korbmacher auch heute noch daheim. Das Korbmacherhandwerk ist aber überwiegend zur Korbindustrie geworden. Aus Holzspänen und Weidenruten werden Körbe gemacht (1936).
Links:
In der Hutmetropole Lindenberg im Allgäu nähte und preßte 1965 einer der letzten Strohhutmacher seine Hüte nach alten Formen.

Links:
Früher zogen sie von Ort zu Ort: die Siebmacher. Unser Bild zeigt einen solchen umherziehenden Siebmacher im Salzburger Land (1937).

Rechts:
Dieser Siebmacher arbeitete noch 1958 in St. Gilgen am Wolfgangsee. Die Siebe waren vor allem nötig, um das in nassen Jahren massenhaft, hauptsächlich im Roggen auftretende hochgiftige Mutterkorn aus dem Getreide zu entfernen.

Links:
Im Berchtesgadener Land wurde das kunstvolle Bemalen von Spanschachteln immer schon gepflegt. Es hatte Tradition. Dieses alte Kunsthandwerk setzt sich heute noch in der Schule des „Berchtesgadner Heimatwerks" fort. Unser Bild entstand dort 1953.

Rechts:
Otto Moroder, ein bekannter Tiroler Schnitzer aus Mayerhofen im Zillertal, 1938 bei der Arbeit. Er schnitt den Kopf seines Sohnes und zeigte damit sein großes Können in der Schnitzkunst.

Der Beruf des Fischers, der früher in den an Gewässern liegenden Orten überall daheim war, ist heute selten geworden. Dieses Bild zeigt Fischermeister Holl aus Randersacker bei Würzburg 1938 mit Fangnetz im Main.
Das Auswerfen der Fischernetze war nicht einfach.

Die Flößer sorgten in früherer Zeit dafür, daß das Holz aus den oberbayerischen Wäldern oder dem Frankenwald oder dem Bayerischen Wald in andere Teile des Landes und auch ins Ausland transportiert wurde, natürlich auf dem Wasserwege. Unser Foto von 1939 zeigt Flößer beim Zusammensetzen eines Isarfloßes auf der Jachen, kurz vor der Einmündung zur Isar.

Rechts: In der Nähe von Lenggries wurden die Floßstöcke gefangen, bevor sie zu größeren Flößen ihre Fahrt isarabwärts nahmen. Vorher mußten die Stöcke von den Arbeitern getriftet werden. Über Bad Tölz und Wolfratshausen ging es dann bis zur Lände nach München, die reißende Isar hinunter.

Auf der Wilden Rodach begann die Floßfahrt der Flößer aus dem Frankenwald. Erst auf dem Main wurden die Stöcke zu großen Floßeinheiten zusammengesetzt und dann ging es main- und rheinabwärts bis nach Holland und zu Fuß wieder zurück. Das 1938 entstandene Foto zeigt Mainflößer aus dem Frankenwald bei der Heidingsfelder Brücke in Würzburg.

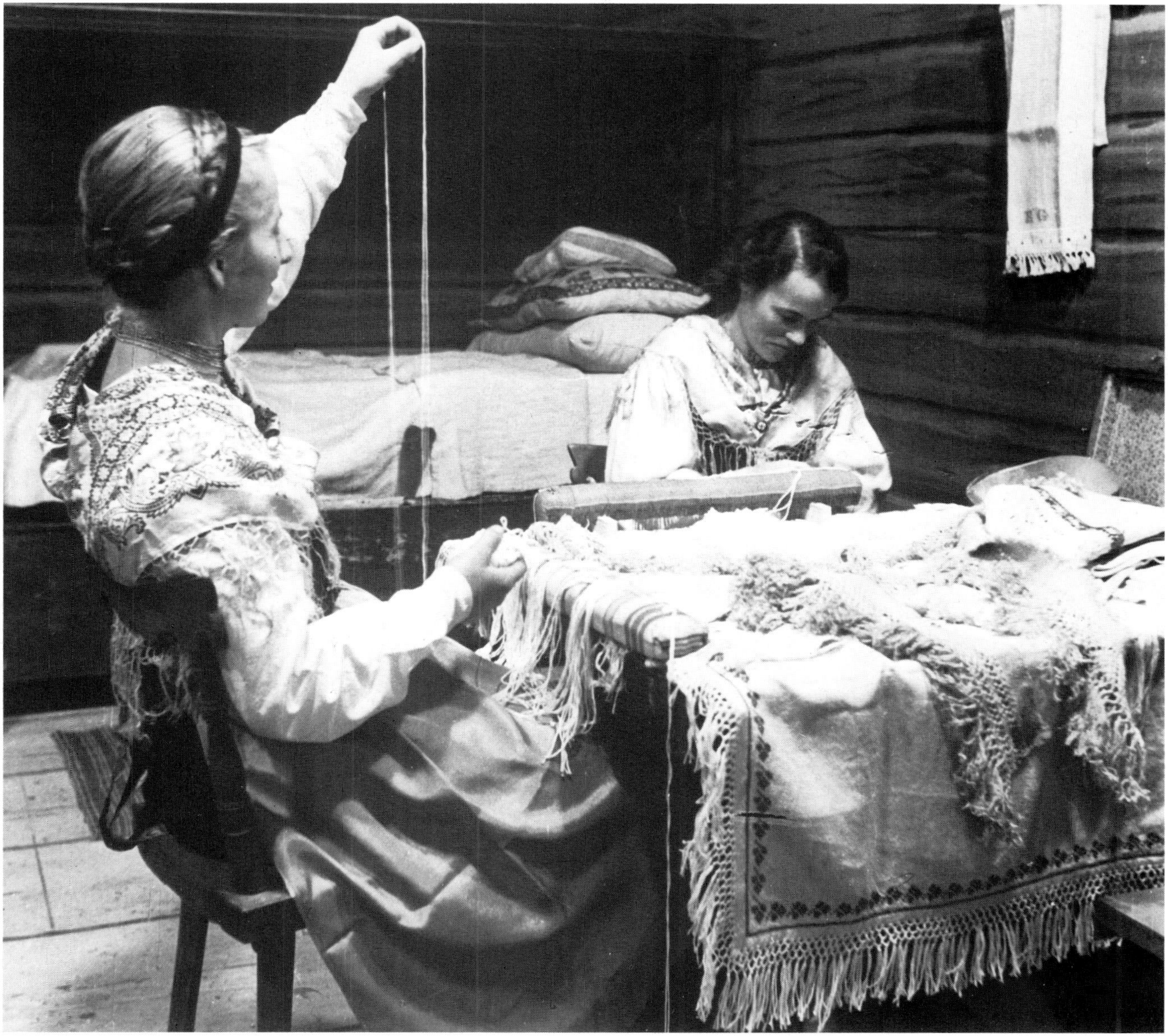

Eine Fransen-Knüpferin im Lungau (Land Salzburg) knüpfte hier an einer Decke, die mit kunstvollen Knoten versehen wird und die in langen Fransen enden (1939).

Der Schüsseldreher aus dem Zillertal verwendete für seine Produkte Zirbenholz und fertigte daraus Schüsseln in allen Größen für Milch, Rahm und Mehl (1939).

Links:
Schüsseldreher David Fankhauser aus Ginzling bei Mayerhofen hatte sich zu seinem Haus aus einer eigenen Quelle die Wasserkraft zum Antreiben seiner Drehbank geholt. Damit das Wasserrad den nötigen Schwung erhielt, schuf er sich dazu diesen künstlichen Wasserfall (Foto aus dem Jahr 1939).

Coca-Cola
B R.
74-56
CH

Links:
Mit einem altertümlichen Kinderwagen zogen diese wandernden Zimmerleute noch 1951 durch die Lande, hier im oberen Inntal in Tirol.

Rechts:
Die Zimmerleute haben eine jahrhundertelange Tradition. Sie kamen vielfach aus Hamburg in alle Teile des Landes. Unser Foto zeigt Hamburger Zimmerleute 1950 bei der Arbeit in München.

Der Pfeifenmacher verstand es, seine Pfeifenköpfe besonders schön und individuell zu gestalten, denn fast jeder Pfeifenraucher hatte verschiedene Arten von Pfeifen. Es gab sogar Sonntagspfeifen, oft mit Horngestekken, sogar mit Silber beschlagen. Auch die verwendete Holzart spielte für den Tabakgeschmack eine wichtige Rolle. Unser Bild zeigt einen Innsbrucker Pfeifenmacher 1938.

Die Herstellung von Spinnrädern gehörte zur Aufgabe eines Drechslers. Als 1946 Flüchtlinge aus dem Egerland nach Mittenwald kamen, waren auch Drechsler unter ihnen. Sie begannen sofort damit, Spinnräder herzustellen.

Links:
In Innerlaterns in Vorarlberg gab es – wie auch anderswo – den Kübelmacher. Auch Bauern verstanden sich auf die Herstellung solcher Kübel. Ein Bild aus dem Jahre 1936.

Rechts:
Leute, die sich auf die Herstellung von Fässern verstanden, hießen Büttner, Böttcher oder Schäffler. Das richtete sich nach den verschiedenen Landstrichen. Auch Faßmacher wurden sie da und dort genannt. Mit Stecheisen und Klöppel gingen sie an die Arbeit, so wie dieser Büttner 1939 in seiner Werkstatt in Heidingsfeld bei Würzburg.

Links:
Dieser Würzburger Drechslermeister war sehr vielseitig. Er war nicht nur Drechsler, sondern auch Büttner, stellte Holzwaren, Körbe und Besen her und verkaufte sie dann auch selbst vor seinem Geschäft hinter der Würzburger Marienkapelle. Ein Bild aus dem Jahre 1951.

Rechts:
Der Schäfer ist sicher kein Handwerker im üblichen Sinn, und doch muß er sein Handwerk verstehen. Die Schafe müssen nicht nur gehütet werden, sondern auch gepflegt und geschoren, und die Hunde, die dem Schäfer die „Laufarbeit" abnehmen, müssen auch erst abgerichtet werden. Der Schäfer ist nicht nur die „Hebamme" seiner Mutterschafe; er wird auch von den Bauern bisweilen als Heilkundiger bei allerlei Gebrechen um Hilfe gebeten. Dieses Bild entstand 1954 bei Pappenheim.

Berchtesgadener Bauern in der Ramsau am „Schneidesel" beim Schindelmachen. Schindelmacher waren im Alpenland überall zu finden, denn die Bauernhöfe waren meist verschindelt und ihre Dächer mit armlangen Schindeln gedeckt.

Links:
1957 war dies der letzte Hirte in Kainsbach, der noch das Langhorn blasen konnte. Man benutzt es zum Heimtreiben der Kuhherden im Hersbrucker Land. Dieses Langhorn hatte der Hirte noch selbst aus Eibenholz gebaut. Langhornmacher haben auch die Schellenbögen der Kühe selbst bemalt, und sie verstanden es, auch das Langhorn zu blasen.

Die Herstellung von Lodenstoffen war im Zillertal seit Jahrhunderten daheim. Die Lodenstampfe wurde mit Wasserkraft angetrieben, und der Lodenwalker mußte immer wieder heißes Wasser zuschütten. Durch das Walken (Stampfen) wird der gewebte Wollstoff sehr dicht und wasserabstoßend. Die Fotos der uralten Lodenwalke entstanden 1939.

Der Schornsteinfeger war immer in luftiger Höhe zu finden. So, wie hier anno 1935 in Tannheim/Tirol. Dort gab es die interessanten, von den alten Tiroler Ofensetzern aus Lehm gebauten Rundöfen, wobei zum Einheizen die langen Holzscheiter vom Gang aus eingeschoben wurden.

Der Schornsteinfeger gilt als Glücksbringer. Besonders zum neuen Jahr ist er früher sogar als Motiv für Glückwunschkarten verwendet worden, und die Überlieferung sagt, daß einem Glück widerfährt, wenn man einem Schornsteinfeger begegnet. In der alten schwarzen Uniform mit schwarzem Zylinder sind nur noch wenige Schornsteinfeger unterwegs. Ihm begegnete die Fotografin so 1951 in München.

Links oben:
Der Wetzsteinmacher mußte sein Rohmaterial selbst beschaffen. Die „Platten" mußten oben im hoch gelegenen Steinbruch ausgesucht, gebrochen und dann mit dem Steinschlitten abgefahren werden. Erst Ende des Zweiten Weltkrieges starb dieses Handwerk in Unterammergau aus.

Links unten:
In einem Trog mit feuchtem Sand wurden die behauenen Rohlinge flachgeschliffen. Das Schütteln dieser Einrichtung erfolgte mit Wasserkraft. Dann wurden die flachgeschliffenen Rohlinge in der Schleifmühle an einem sehr großen Schleifstein, der wiederum mit Wasserkraft betrieben war, nochmals einzeln nachgeschliffen.

Rechts:
Ein nicht alltäglicher Beruf war der des Wetzsteinmachers. In Unterammergau wurde dieses Handwerk 1883 eingeführt. Das Foto entstand 1940 und zeigt den Wetzsteinmacher vor seiner Schleifmühle am „Ansetzer", dem Amboß. Dort bekam der Stein seine erste Form durch Zurechthauen (Pecken), bevor er in die Schleifmühle zur „Stelze" kam, wo der nächste Vorgang zum Feinschleifen stattfand.

Links oben:
Der Senn auf den Almen war gleichzeitig Käser. Der Käser von der Willseralpe fuhr im Sommer täglich von einer noch höher gelegenen Alpe die Milch im Faß mit dem Hornschlitten den Steilhang herunter (1937).

Links unten:
Am Kästisch in der Willseralpe über Hinterstein im Allgäu stand 1937 diese Presse für einen Laib Emmentaler.

Rechts:
Der Obersenn auf der Alpe „Älpele" bei Tannheim in Tirol 1938 mit einem ausgereiften Käslaib (Emmentalerlaib).

Im Alpenland war das Schnapsbrennen weit verbreitet. In vielen Orten gab es Enzianbrennereien. Eine solche ist im Allgäuer Heimatmuseum in Oberstdorf erhalten. Hier ein Bild aus dem Jahre 1936.

Hanf war das Grundmaterial zur Herstellung von Bindfäden und Seilen. Der Seilermeister Kratzmeier aus Weilheim fertigte sie in mühevoller Handarbeit. Seine alte Werkstätte hat er dem Freilichtmuseum von der Glentleiten bei Murnau zur Verfügung gestellt.

Links:
Der Wagner wurde vielerorts auch Stellmacher genannt. Jeder Bauer und alle landwirtschaftlichen Betriebe brauchten Räder für ihre Fahrzeuge. Der Wagner konstruierte und fertigte Räder und Fahrzeuge, wobei ihm der Schmied die notwendigen Eisenteile dazu lieferte. Heute gibt es den Beruf kaum noch (1939).

Rechts:
Ein fotografischer Schnappschuß von 1943 aus dem Raurisertal: Bergbauernkinder tragen ein vom Wagner angefertigtes neues Rad zu ihrem Bergbauernhof.

Der Köhler an seinem Holzkohlen-Meiler im Jahr 1936. Besonders im Spessart war dieser Beruf zu Haus.

Die Bergbauern hatten vielerlei Tätigkeiten zu verrichten. Dieser Bauer aus dem Tannheimertal bearbeitete noch 1934 den Flachs in der Flachsbrechel. Durch das Schlagen wurde der Flachs seiner Außenhaut beraubt und geschmeidig.

Links:
Ein Zillertaler Leinenweber in der Webstube (1939).

Rechts:
Ein weit verbreiteter Beruf war der des Störwebers. Er ging „auf die Stör", um etwa acht bis zehn Tage in den jeweiligen Bauernhöfen zu verbringen und dort den angefallenen und gesponnenen Flachs zu weben. Fast jeder Bauernhof hatte seinen eigenen Webstuhl (1934).

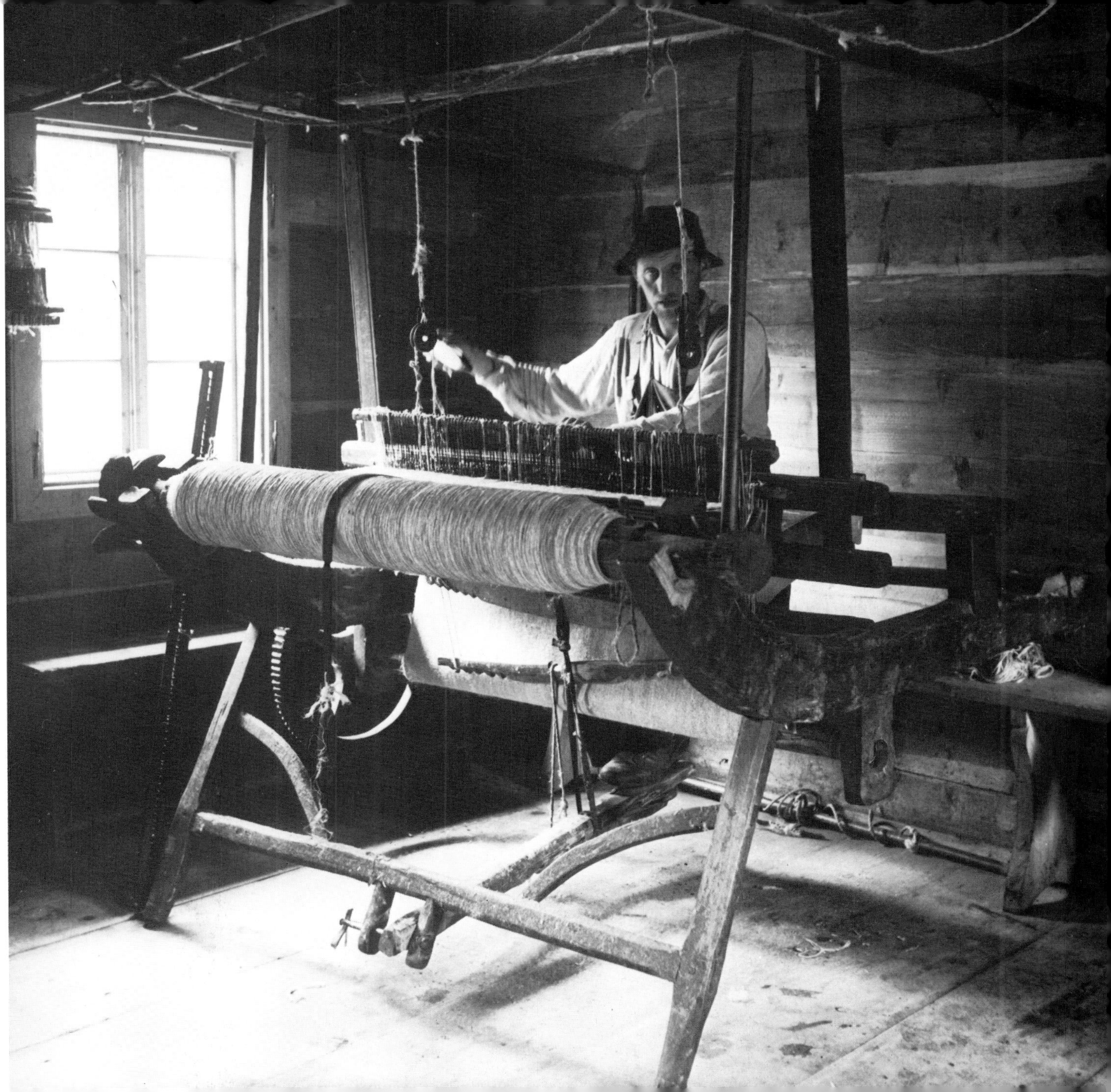

Dieser junge Störweber arbeitete bei den Bergbauern im Alpachtal in Tirol 1936. Er webte barfuß, um mehr Gefühl für den Takt zu haben, weil beim Weben Hände und Füße in genauer Übereinstimmung tätig sein müssen.

Der Kummetmacher war in der Regel Sattlermeister. Unser Bild zeigt die Familie Gleissner in Wallgau im Werdenfelser Land. Sie bestickt Lederteile, am Näh-Rössle sitzend, für ein Kummet, wie es heute noch von den Bräurössern beim Oktoberfest getragen wird. Durch das Wiederaufleben der Pferdehaltung konnte sich dieses Handwerk erhalten, und Herr Gleissner sitzt heute noch öfters an seinem Näh-Rössle und bestickt Pferdegeschirre, wenn auch nicht mehr mit Federkielfäden, sondern mit sehr haltbarem synthetischen Garn.

Unser Bild aus dem Jahre 1936 zeigt einen Goldschläger bei der Arbeit, einer Tätigkeit, die sich in fünftausend Jahren kaum verändert hat. In der Walze wird Feingold zu Formen von einem dreiunddreißigstel Millimeter Stärke gewalzt, zu kleinen Quadraten geschnitten, in die Quetsche eines albumartig gehefteten Bündels von Kalbspergament eingelegt und mit diesem zusammen mit Hilfe des Federhammers in einem mehrstündigen Arbeitsprozeß auf eine Stärke von bis zu einem elftausendstel Millimeter heruntergeschlagen. Blattgold wird zu vielerlei Vergoldungsarbeiten auf Holz, Stuck, Metall und Leder verwendet. Hauptabnehmer sind Kirchenmaler, Vergolder, Buchbinder und Restauratoren. Besonders kuriose Verwendung finden Blattgoldflitter bei der Likörherstellung im Danziger Goldwasser.

Im österreichischen Burgenland, nahe Bad Tatzmannsdorf, gab es 1937 noch Handschleifer für Edelserpentinsteine. Es ist ein weicher, grünlicher Stein, der sich fast seifig anfühlt und ohne Schwierigkeiten gesägt und geschliffen werden kann. Der dunkelgrüne Stein wird zu allerhand Schmuckwaren verarbeitet. Dosen, Schalen, Armreife und Ringe entstehen daraus. Aus dem alten Handschleiferhandwerk, wie es 1937 noch ausgeübt wurde, ist inzwischen eine Industrie geworden.

Unter den Bäckern war der Lebküchner, auch Lebzelter genannt, ein Spezialist für allerlei zuckerige Verzierungen. Unter seinen geschickten Händen entstanden viele schöne Sachen: Wiegen, Puppen, Herzen usw., die der Lebküchner dann mit Hilfe seiner Spritztüte mit farbigem Zuckerguß verzierte (1938).

Der „Lebküchner“ hatte nicht nur in der Vorweihnachtszeit viel zu tun. Auch das Jahr über schuf er allerlei Backwerk, um damit besonders auch den Kindern eine Freude zu bereiten. Für sie waren die kleinen Lebkuchen gleichzeitig auch Spielzeug. Dieses Bild entstand 1938 und zeigt einen Lebküchner bei der Herstellung von Rössern. Hier sticht er seine Erzeugnisse mit einer alten Zinnmodel aus dem Teig aus.

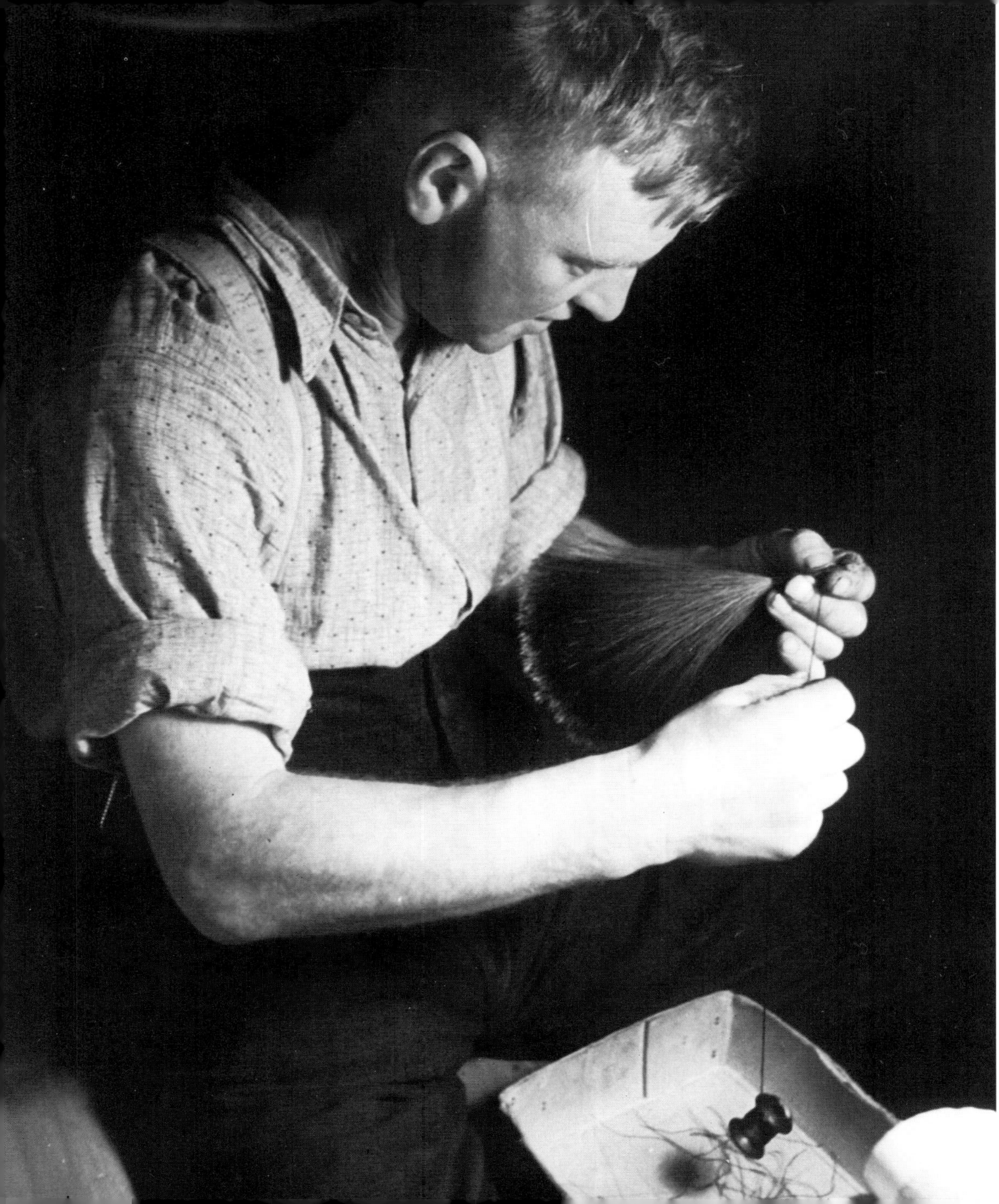

Eine Art Nebenhandwerk des Jägers war im Alpenland das Gamsbartbinden. Besonders im Frühjahr war der Gamsbartbinder mit viel Geduld dabei, die gerupften und zwischen Buchseiten glatt gebügelten Haare vom Schmutz zu befreien und dann etwa 20stückweise mit Bindefaden zusammenzufügen. Tausende solcher einzelnen Haare, im gleichen Abstand gebunden, waren für einen Gamsbart nötig, der heutzutage bis zu 4000 Mark kosten kann (1937).

Stichwortverzeichnis
in alphabetischer Reihenfolge